LA MATRONA COMO AGENTE DE PREVENCIÓN DE COMPLICACIONES DURANTE LA GESTACIÓN

AUTORAS:

Rocío Esperanza García Galán. Matrona y Enfermera del trabajo,

Carmen M. Cárdenas de Cos. Matrona.

Patricia Moreno Gil. Matrona.

LA MATRONA COMO AGENTE DE PREVENCIÓN DE COMPLICACIONES DURANTE LA GESTACIÓN

AUTORAS: Rocío Esperanza García Galán, Carmen M. Cárdenas de Cos
Patricia Moreno Gil.

29 de octubre de 2012
1ª Edición.
ISBN 978-1-291-14639-4

Dedicado a Miguel y a Isaías que han demostrado
que nos acompañarían hasta el fin del mundo.

PRÓLOGO.

Ya es hora de que las matronas asumamos nuestro papel fuera de los paritorios.

Aunque la atención al parto normal es nuestra competencia más asumida por el resto de Profesionales de la Salud y por la población en general, debemos aclarar que somos enfermeras especialistas en obstetricia y ginecología, la "enfermera de la mujer", como me gusta a mí decir, y que tenemos mucho que ofrecer y que deben beneficiarse de nuestros conocimientos y cuidados todas las mujeres que lo precisen.

Nuestro papel en Atención Primaria es cada vez más cuestionado por nuestros compañeros y gestores ,sobre todo al ver como en muchos Centros de Salud asumen nuestras competencias sin que nadie "proteste".

La primera que debería pedir ser atendida por una matrona es la mujer. Por eso se hace necesario que la matrona se haga visible y necesaria, mostrando para que sirve su trabajo y en este libro pretendemos hacer ver lo importante que es que, la mujer en su proceso de embarazo, sea atendida por un profesional especializado en el tema. Un especialista formado que valore en cada momento el curso de su gestación, haciendo posible la prevención de complicaciones manejando adecuadamente los problemas que vayan surgiendo y cuidando de ese embarazo hasta su finalización.

En este libro veremos cómo la matrona valora el riesgo de la gestación, y facilita la prestación de cuidados precisa el binomio madre-hijo en cada momento y también la importancia de que tiene para el adecuado progreso de la gestación la ingesta preconcepcional del ácido fólico y del yodo.

Todo este trabajo que lleva a cabo la matrona minimiza las complicaciones durante el embarazo, previene malformaciones congénitas y disminuye la tasa de abortos espontáneos;¿Cómo pueden decir que las matronas no somos necesarias?

ÍNDICE

1. Introducción
2. Concepto de Riesgo Obstétrico
3. Pruebas de cribado
4. Baremo según el SAS
5. Clasificación según la SEGO.
6. Factores de riesgo a ser evaluados: Sociodemográficos, médicos, reproductivos, embarazo actual

1. INTRODUCCIÓN

La matrona suele ser el profesional del sistema sanitario que tiene el primer contacto con la mujer gestante. Es por tanto fundamental una correcta evaluación desde el principio de la gestación.

Ya debería estar implantada la consulta preconcepcional en la que se haría una evaluación del estado general de la mujer que desea concebir. Es el momento ideal para minimizar factores que pudieran interferir en el embaraza: Conseguir peso ideal, abandono de hábitos tóxicos, si hubiera enfermedad importante, estabilizarla y evaluar la medicación necesaria…pero no sabemos por qué con la importancia que tiene la prevención no se normaliza esta consulta y se promueve desde la Administración.

Según la LOPS, la matrona es el profesional indicado para el seguimiento de la mujer con un embarazo de bajo riesgo. Posee la capacitación necesaria para derivar al Obstetra cuando considera que el embarazo ha cambiado su curso normal para dejar de ser de bajo riesgo.

Para ello debemos de tener claro cuando nos encontramos ante una embarazada que precisa atención especializda.

Según La Directiva Europea, Los Estados miembros, garantizarán que las matronas estén facultadas por lo menos para acceder a las actividades siguientes y para ejercerlas:

a) prestar información y asesoramiento adecuados sobre planificación familiar.

b) diagnosticar el embarazo y supervisar el embarazo normal; realizar los exámenes necesarios para la supervisión del desarrollo de los embarazos normales

c) prescribir o asesorar sobre los exámenes necesarios, para el diagnóstico precoz de los <u>embarazos de alto riesgo.</u>

El hecho de que hayamos clasificado un embarazo como de bajo riesgo, no significa que continúe siendo así hasta el final del mismo ya que es una situación cambiante y en cada contacto que tengamos con una embarazada evaluaremos el riesgo en ese momento.

Es decir, el riesgo en un embarazo, es algo que

cambia continuamente a lo largo del mismo.

En este libro pretendemos plasmar los aspectos más importantes a tener en cuenta cuando nos enfrentamos al cuidado de una mujer gestante, siendo conscientes de la importancia de nuestro trabajo sobre la salud materno-fetal.

2. CONCEPTO DE RIESGO OBSTÉTRICO.

Definiremos el Riesgo Obstétrico como: característica o circunstancia social, médica, obstétrica, o de otra índole,que incidiendo en una o más gestaciones, se asocia con una morbilidad y mortalidad perinatal superior a la de la población general.

Es crucial por ello, derivar cuanto antes al especialista, cuando se detecte un factor de riesgo importante ya que en muchas ocasiones se trata de problemas que si se tratan correctamente dejan de ser un riesgo para el binomio madre-niño.

Los factores de riesgo se catalogan en cuatro niveles en orden creciente de probabilidad de aparición de complicaciones materno-fetales:

1.-) Riesgo bajo

2.-) Riesgo medio

3.-) Riesgo alto

4.-) Riesgo muy alto

Los objetivos que se pretenden conseguir son:
.- Facilitar la organización de los servicios de atención a la embarazada.
.- Concentrar recursos específicos sobre gestantes, fetos o R.N.
.- Evitar la medicalización excesiva de los embarazos sin riesgo.

Para una correcta evaluación contamos con una serie de herramientas que van desde la entrevista estructurada hasta útiles pruebas de cribado para ciertas patologías.

3. PRUEBAS DE CRIBADO

Si queremos mejorar la salud reproductiva de nuestra población, introduciendo medidas correctoras que disminuyan las consecuencias adversas de los factores de riesgo, debemos disponer de una prueba de cribado que nos ayude a identificarlos y estimar su importancia relativa en relación con el resultado perinatal.

Estas pruebas de cribado forman parte de la prevención secundaria. Nos da la probabilidad de que se produzca una enfermedad. Una prueba de cribado positiva obliga a la realización de pruebas diagnósticas que confirmen o descarten la existencia de enfermedad.

Las pruebas de cribado deben ser simples, baratas, inocuas y de aplicabilidad a gran número de población. Se pueden realizar mediante la aplicación de un simple cuestionario de preguntas, una exploración física, o una prueba de laboratorio o imagen.

La que más manejamos en nuestro trabajo diario en consulta es el Test de O´Sullivan del que hablaremos más adelante.

También contamos con el cribado del streptococo B agalactiae, alrededor de la semana 35

NIVELES DE ATENCIÓN.

Recordaremos los Niveles de Atención del Sistema Sanitario.

PRIMER NIVEL: Atención Primaria de Salud: Matrona y médico de familia son los profesionales encargados del seguimiento del embarazo de bajo riesgo.

SEGUNDO NIVEL: Consultas especializadas, dispositivos de apoyo...

TERCER NIVEL: Atención hospitalaria.

Dependiendo del riesgo que asignemos a un embarazo llevará unos controles u otros. Un embarazo de bajo riesgo será controlado principalmente por los profesionales de Atención Primaria, exceptuando las visitas protocolizadas que realizará el Tocólogo de Área.

Así mismo, si un embarazo de Alto Riesgo es controlado en el segundo o tercer nivel, deberíamos de captar a la gestante para que viniera a Educación Maternal, si sus circunstancias se lo permiten.

4. BAREMOS DE RIESGO OBSTÉTRICO PERTENECIENTE AL PROCESO ASISTENCIAL INTEGRADO DE EMBARAZO PARTO Y PUERPERIO. SAS 2005

Un **factor de riesgo** puede pertenecer a dos niveles asistenciales distintos en función de la intensidad que posea y de la aparición de complicaciones.

RIESGO 0 Ó BAJO RIESGO

"Bajo riesgo" no significa ausencia del mismo, ya que esta situación no existe. Por ello, no es prudente hablar de embarazos sin riesgo, sino de embarazos de bajo riesgo.

También se incluyen aquí a gestantes en las que no es posible identificar ninguno de los factores de riesgo que se definen en los apartados siguientes.

RIESGO I Ó RIESGO MEDIO

Aquí se incluyen embarazadas que poseen factores de riesgo de baja sensibilidad y especificidad.

Los factores de riesgo de este grupo son bastante

frecuentes y no se asocian necesariamente con un mal resultado del embarazo, pero su presencia hace más probable la aparición de complicaciones.

Estas gestantes no requieren por lo general recursos altamente especializados y deberían ser vigiladas en las Consultas Prenatales de los **Dispositivos de Apoyo o Segundo Nivel**

RIESGO II O RIESGO ALTO

Aquí incluiremos gestantes con factores de riesgo poco frecuentes pero con una gran especificidad y/o sensibilidad.

Estas gestantes tienen un aumento notable de la posibilidad de complicaciones durante el embarazo y el parto. Suelen requerir recursos sanitarios no disponibles en los Centros de 1º y 2ª Nivel, por lo que el control sanitario del embarazo debería realizarse por un Servicio de A. R. de Obstetricia o 3º Nivel desde el inicio del mismo o desde el momento en que aparezca el factor de riesgo. Dependiendo de la intensidad del proceso y de la edad gestacional, el control del embarazo podrá llevarse a cabo en Primer-Segundo Nivel.

RIESGO III O DE MUY ALTO RIESGO

Gestantes con factores de riesgo muy poco frecuentes pero con muy alta sensibilidad y/o especificidad.

Las patologías referidas en la literatura en este grupo han sido reseñadas en los grupos de riesgo anteriores, pero ahora las gestantes suelen requerir atenciones especiales, recursos sanitarios de alta tecnología, vigilancia por los Servicios de Alto Riesgo de Obstetricia y hospitalización casi sistemática.

5. CLASIFICACIÓN DEL RIESGO (SEGO)

RIESGO I ó RIESGO MEDIO

1. Anemia leve o moderada.
2. Anomalía pélvica.
3. Cardiopatías I y II.
4. Cirugía genital previa (incluida cesárea).
5. Condiciones socioeconómicas desfavorables.
6. Control gestacional insuficiente: Primera visita > 20 SG o < de 4 visitas o sin pruebas complementarias.

7. Diabetes gestacional con buen control metabólico.
8. Dispositivo intrauterino y gestación.
9. Edad Extrema: <16 o > de 35 años.
10. Edad gestacional incierta: FUR desconocida, ciclos irregulares o exploración obstétrica discordante.
11. Embarazo gemelar.
12. Embarazo no deseado: Situación clara de rechazo de la gestación.
13. Esterilidad previa: Pareja que no ha conseguido gestación en los dos años previos.
14. Fumadora habitual.
15. Hemorragia del primer trimestre (no activa).
16. Incompatibilidad D (Rh).
17. Incremento de peso excesivo: IMC >20% o > de 15 K.
18. Incremento de peso insuficiente: < de 5 K.
19. Infecciones maternas: Infecciones sin repercusión fetal aparente.
20. Infección urinaria: BA y cistitis.
21. Intervalo reproductor anómalo: Periodo intergenésico < de 12 meses.
22. Multiparidad: 4 o más partos con fetos > de 28 S.G.

23. Obesidad: IMC > de 29.
24. Presentación fetal anormal: Presentación no cefálica> 32 S.G.
25. Riesgo de crecimiento intrauterino retardado: Factores de riesgo asociados a CIR.
26. Riesgo de enfermedades de transmisión sexual.
27. Riesgo Laboral: Trabajo en contacto con sustancias tóxicas.
28. Sospecha de malformación fetal: antecedentes, alteraciones ecográficas o bioquímicas.
29. Sospecha de macrosomía fetal: Peso fetal estimado a término > de 4 K.
30. Talla baja: Estatura < de 1'50 m.

RIESGO II O ALTO RIESGO

1. Abuso de drogas: Consumo habitual de drogas, fármacos,…
2. Alteraciones del líquido amniótico: hidramnios y oligoamnios.
3. Amenaza de parto prematuro (entre 32-35 semanas).
4. Anemia grave: Hb < de 7'5.
5. Cardiopatías grados III y IV.

6. Diabetes pregestacional.

7. Diabetes gestacional con mal control metabólico.

8. Embarazo múltiple: Gestación simultánea de tres o más fetos en la cavidad uterina.

9. Endocrinopatías (otras): Alteraciones del tiroides, suprarrenales, hipófisis, hipotálamo...

10. Hemorragias del segundo y tercer trimestres.

11. Trastorno hipertensivo del embarazo: Hipertensión gestacional, HTA crónica, preeclampsia leve.

12. Infección materna: Cualquier infección con repercusión materna, fetal o en RN.

13. Isoinmunización.

14. Malformación uterina.

15. Antecedentes obstétricos desfavorables: Dos o más abortos, uno o más prematuros, partos distócicos, RN con deficiencia mental o sensorial una o más muertes fetales o neonatales, antecedente de CIR...

16. Pielonefritis.

17. Patología médica materna asociada: Cualquier enfermedad que provoque intensa o moderada afectación materna y/o fetal (insuficiencia renal, insuficiencia respiratoria,

discrasias sanguíneas, insuficiencia hepatocelular,…).

18. Sospecha de crecimiento intrauterino retardado: Biometría ecográfica fetal < que edad gestacional.

19. Tumoración genital: uterina, anexial…

20. Embarazo gemelar.

RIESGO III O RIESGO MUY ALTO

1. Crecimiento intrauterino retardado confirmado.
2. Malformación fetal confirmada.
3. Incompetencia cervical confirmada.
4. Placenta previa.
5. Desprendimiento prematuro de placenta.
6. Trastorno hipertensivo del embarazo: preeclampsia grave y preeclampsia sobreañadida a hipertensión crónica.
7. Amenaza de parto prematuro (por debajo de 32 semanas).
8. Rotura prematura de membranas en gestación pretérmino.
9. Embarazo prolongado.
10. Patología materna asociada grave.
11. Muerte fetal anteparto.

12. Otras.

En la patología materna asociada grave es conveniente que la gestante acuda al tocólogo con informe del especialista respectivo (Cardiólogo, Nefrólogo, Endocrino, Hematólogo...).

6. FACTORES DE RIESGO

La matrona, en su práctica diaria, deberá evaluar los factores de riesgo que puedan interferir en la salud materno-fetal.

FACTORES DE RIESGO SOCIODEMOGRAFICOS
- Edad materna ≤ a 15 años ≥ a 35 años.
- Relación peso/talla (IMC) *:
– Obesidad: > 29.
– Delgadez: < 20.
- Tabaquismo ≥ de 10 cigarros/día.
- Alcoholismo.
- Drogadicción.
- Nivel socio-económico bajo.
- Riesgo laboral.

Dentro de la edad materna destacar que las adolescentes son particularmente sensibles a deficiencias nutricionales, anemia, infección por HIV y otras enfermedades de transmisión sexual, además, tienen una mayor frecuencia de HTA inducida por la gestación.

No es la edad en sí sino el menor control de la misma. Acuden más tarde y asisten a menos controles.

En cuanto a la edad materna mayor de 35 años se observa una mayor frecuencia de abortos, gestaciones ectópicas, anomalías cromosómicas, gestaciones gemelares, útero miomatoso, hipertensión y diabetes.
En cuanto al trabajo de parto, son más frecuentes las desproporciones pélvico-cefálicas, las metrorragias de la 2ª parte de la gestación, placenta previa, cesárea, el BPEG y la mortalidad fetal y neonatal

En cuanto a los hábitos tóxicos ya sabemos las complicaciones acarrean. El tabaquismo es causante de abortos, partos prematuros y C.I.R. Y es de sobra conocido el Síndrome alcohólico fetal, por lo que no vamos a entrar en más detalles.

Añadir que el consumo de cannabis se asocia a malformaciones congénitas. En cuanto a la cocaína: se relaciona con un aumento de la morbimortalidad perinatal a expensas de una mayor frecuencia de anomalías congénitas, partos pretérminos, bajo peso al nacer y desprendimiento prematuro de placenta.

Cuando nos encontremos ante un consumo de alcohol, tabaco y/o drogas debemos consultar al Psicólogo de zona.

NIVEL SOCIOECONÓMICO BAJO

Suele asociarse a una alimentación deficiente debido a falta de recursos. Tambien puede ser causa de no seguir la recomendación de suplementar con vitaminas y yodo, si no los pasa la seguridad social.

También se asocia un mayor nivel de estrés por la situacion económica difícil, desempleo...

Tenemos que ser cautos al tratar el tema y ofrecerle la atención de la Asistencia Social.

INMIGRACIÓN

También se asocia a mayor riesgo obstétrico ya que presentan dificultad al entender el idioma y para acudir a la consulta porque suelen tener trabajos en los que no pueden pedir permiso e incluso tienen que ocultar su embarazo para no ser despedidas con lo cual no siguen los controles previstos.

También se sumaría la posible existencia de enfermedades parasitarias o endémicas de su zona de origen como la Hepatitis B.

RIESGO LABORAL

En numerosas ocasiones el trabajo supone un problema para el curso normal del embarazo y es algo que se pasa por alto para evaluar el riesgo.

En algunos trabajos se manejan sustancias teratógenas que pueden producir malformaciones en el feto o riesgo de aborto y la mujer debe ser apartada de inmediato. Aquí se debería de actuar de forma preventiva mediante la consulta prenatal. También es importante el papel del Enfermero del Trabajo que velará por sus trabajadoras gestantes o en edad fértil y tomará las medidas oportunas.

Otros aspectos a tener en cuenta son la manipulación de cargas, los trabajos en alturas, la bipedestación prolongada...

La actuación consiste en cambiar a la trabajadora de puesto de trabajo. Si esto no fuera posible se procedería a tramitar el RIESGO DURANTE EL EMBARAZO Y LACTANCIA que consiste en una suspensión del contrato de trabajo por el motivo anterior y pasa a hacerse cargo la mutua correspondiente. Forma parte de nuestro trabajo informar a la mujer de esta prestación.

ANTECEDENTES MÉDICOS

Las enfermedades médicas, que coinciden con la gestación, incrementan la morbimortalidad tanto materna como perinatal.

Nos referiremos especialmente a lo cuadros hipertensivos y la diabetes por su mayor contribución al mal resultado reproductor.

Otras enfermedades que nos harían hablar de un embarazo de riesgo al coincicir con la gestación serían:
- Enfermedad cardiaca.
- Enfermedad renal.
- Diabetes mellitus.
- Endocrinopatías.

- Enfermedad respiratoria crónica.
- Enfermedad hematológica.
- Epilepsia y otras enfermedades neurológicas.
- Enfermedad psiquiátrica.
- Enfermedad hepática con insuficiencia.
- Enfermedad autoinmune con afectación sistémica.
- Tromboembolismo.
- Patología médico-quirúrgica grave.

Vamos a detenernos un poco más en la hipertensión y en la diabetes por ser dos entidades que nos encontramos con relativa frecuencia y en los que la matrona tiene una especial relevancia en su prevención y abordaje una vez que aparecen.

TRASTORNOS HIPERTENSIVOS

Son frecuentes y forman una tríada letal, junto a la hemorragia y la infección, que produce un gran número de muertes maternas y perinatales.

En todo el mundo fallecen aproximadamente 50.000 mujeres cada año por eclampsia. Esta enorme mortalidad no se observa en los países desarrollados, debido probablemente a la asistencia prenatal.

El embarazo puede inducir hipertensión en mujeres normotensas o agravar una que ya existía previa al embarazo.

Cuando en nuestra consulta de atención primaria nos encontramos con una tensión por encima de lo normal, tendremos que valorar si es una tensión alta previa o inducida por el embarazo. Si se diagnostica antes de la semana 20, podemos decir que es previa al embarazo . Si es después de esa fecha y se acompaña de proteinuria (> 300 mg de proteínas en orina de 24 horas ó > de 30 mg/dl en muestra aleatoria) hablamos de preeclampsia.

En ambos casos se trata de una gestación de riesgo que debe ser derivada al segundo nivel de atención, aunque ello no significa que la mujer deba dejar de visitarnos, lo que deberá será asistir al tocólogo con una mayor frecuencia.

DIABETES

La mortalidad perinatal asociada a la diabetes es 6 veces superior a la de la población gestante general.

La morbilidad de estos niños afecta tanto a su tamaño como a su madurez; se observa retraso de crecimiento en madres con diabetes pregestacionales con mal control metabólico y microangiopatías, y recién nacidos macrosómicos tanto en diabetes pregestacionales como gestacionales.

Ambas convierten a la gestación en un embarazo de riesgo por los resultados antes comentados.

La matrona tiene un papel importante en la prevención de la diabetes cuando se asocia a una ganacia de peso elevada. Por ello es de gran importancia la formación en el e trimestre.

La complicación mas frecuente que se suele aparecer con la diabetes materna es la macrosomía. Ésta a su vez se asocia con una mayor frecuencia de traumatismo obstétrico, distocia de hombros, parálisis braquial, desgarros perineales y una elevada tasa de cesáreas por desproporción cefalopélvica. Además, la hipoglucemia que afecta al 34%
de los recién nacidos de madres diabéticas, la hiperbilirrubinemia (37%),la hipocalcemia (13%) y el síndrome de distress respiratorio grave (5%),

condicionan unos recién nacidos de alto riesgo perinatal.

En la actualidad el Grupo Español de Diabetes y Embarazo (GEDE, 2006) clasifica en dos grupos a las gestantes según su riesgo de desarrollar diabetes a lo largo del embarazo:
- GESTANTES DE ALTO RIESGO.
- GESTANTES DE MODERADO/BAJO RIESGO

Por lo tanto deben recogerse todos los factores de riesgo de DG en la primera visita del embarazo para hacer una inmediata valoración.

Son gestantes de alto riesgo de padecer diabetes gestacional:
- Edad materna mayor de 35 años.
- Antecedentes familiares(padres) de diabetes.
- Diabetes gestacional anterior
- IMC > 25
- Malos antecedentes obstétricos.

Aunque los criterios varían de unas comunidades a otras, éstas mujeres serían susceptibles de hacerse el cribado de la diabetes gestacional en el primer trimestre de embarazo.

En las que tienen un riesgo moderado-bajo (todas las gestantes), la recomendación es realizar un único test de O'Sullivan entre las semanas 24-28 del embarazo.

Este test consiste de realizar una analítica en ayunas a la gestante y otra a la hora de esa misma y tras ingerir una sobrecarga de oral de glucosa de 50 gr.

Si son superiores a 140 mg/dl se considera POSITIVO

1.- Si = o sup. 200 mg/dl es criterio diagnóstico y se derivará a endocrino.

2.- 140 – 199 mg/ Se realizará S.O.G.(sobrecarga oral de glucosa).

Si se diera el caso de vómito de la gestante tras ingesta de jarabe se derivará a endocrino también.

La Sobrecarga oral de glucosa consiste en ingerir 100gr. de glucosa en cinco minutos y en extraer sangre cada hora durante cuatro consecutivas., valorando los datos de laboratorio obtenidos.

Hablamos de diabetes gestacional si dos o más

son iguales o superiores a:

105 mg/dl en ayunas

190 mg/dl a la hora.

165 mg/dl a las 2 horas.

145 mg/dl a las 3 horas.

Si sólo se altera un valor hablaríamos de intolerancia y habría que repetir la prueba en dos o tres semanas. Por otro lado, dos glucemias basales igual o superiores a 140 mg/dl en días distintos, también son criterios de diabetes.

Las mujeres que desarrollan diabetes en su embarazo o eran diabéticas previamente al mismo tienen unos cuidados especiales pero no por ello tienen que ser seguidas únicamente por especialistas médicos. Es más, éstas mujeres necesitan un apoyo extra e incluso más cuidados de su matrona para apoyar las conductas generadoras de salud que deben incorporar a su nueva condición.

ANTECEDENTES REPRODUCTIVOS

Cuando nos encontremos en la consulta con una

mujer que presenta al menos uno de estos factores, debemos remitirla a la consulta de Tocología de Alto Riesgo:
- Esterilidad en tratamiento al menos durante 2 años.
- Aborto de repetición.
- Antecedente de parto pretérmino.
- Antecedente de nacido con CIR.
- Antecedente de muerte perinatal.
- Hijo con lesión residual neurológica.
- Antecedente de nacido con defecto congénito.
- Antecedente de cirugía uterina (excep legrado instrumental).
- Malformación uterina.
- Incompetencia cervical.

Se asocia una mayor frecuencia de resultados perinatales adversos en madres que han necesitado de técnicas de reproducción asistida; mayor frecuencia de abortos, C.I.R. y parto pretérmino.

Se ha observado que las madres con antecedentes de una muerte perinatal previa muestran en el embarazo actual, una mayor tendencia al parto inmaduro y el nacido tiene un riesgo de muerte dos veces más alto.

La identificación de las gestantes con estos antecedentes como de alto riesgo y la utilización de protocolos de vigilancia fetal permiten mejorar el pronóstico.

Igualmente, tienen una mayor frecuencia de partos instrumentales y cesáreas, aunque el factor más importante relacionado con este hecho es, posiblemente, la ansiedad incrementada del personal que asiste a la gestante con este antecedente.

Debemos de tener en cuenta que, si bien en un principio a la mujer le parecerá normal que sea vista en una consulta de alto riesgo obstétrico debido a sus antecedentes, ésto puede generarle cierta ansiedad.

La matrona deberá observar este aspecto y abordar el problema con tranquilidad, sin crear falsas expectativas pero evitando generar una preocupación innnecesaria en la gestante.

EMBARAZO ACTUAL

La gestación es un proceso dinámico, por tanto, obliga a una valoración continua del nivel de riesgo.

Un control adecuado permitirá detectar en sus

inicios los numerosos factores que describimos a continuación:
- Hipertensión inducida por el embarazo.
- Anemia grave.
- Diabetes gestacional.
- Infección urinaria de repetición.
- Infección de transmisión perinatal.
- Isoinmunización Rh.
- Embarazo múltiple.
- Polihidramnios.
- Oligohidramnios.
- Placenta previa asintomática (diagnóstico ecográfico≥ 32ª semana).
- Crecimiento intrauterino retardado.
- Defecto fetal congénito.
- Estática fetal anormal ≥ 36ª semana.
- Amenaza de parto pretérmino.
- Embarazo postérmino.
- Rotura prematura de membranas ovulares.
- Tumoración uterina.
- Patología médico-quirúrgica grave.

¿CUÁNDO EVALUAMOS?: CONTINUAMENTE.

La matrona durante su trabajo diario, ya sea en atención primaria u hospitalaria, está constantemente evaluando a la gestante. Mediante la anamnesis de las diferentes consultas, realizando la toma de la constantes peso, auscultación del latido fetal, maniobras de Leopold,… en la visita, en la entrevista clínica, en la realización del cribado de infecciones perinatales, del estreptococo B agalactiae…

Somos el agente del sistema sanitario que está más tiempo en contacto con la gestante y poseemos la formación y la capacitación necesarias para evaluar el riesgo que tiene la mujer embarazada a la que estamos cuidando y que atenciones precisa en cada momento.

BIBLIOGRAFÍA

- Medline Plus. Biblioteca Nacional de Medicina de E.E. U.U.

- Instituto Nacional de Salud Infantil y Desarrollo Humano.

- Artículo 47 de la LOPS, su artículo 4.5

- Fundamentos de obstetricia.(SEGO) Depósito Legal: M-18199-2007

- Baremos de riesgo obstétrico perteneciente al Proceso Asistencial Integrado de Embarazo, Parto y Puerperio(2005,SAS).

- Protocolo de derivación de gestantes a la unidad de medicina materno fetal de los embarazos complicacdos o de alto riesgo. UGC de Obstetricia y Ginecología Hospital de Jerez.

www.ingramcontent.com/pod-product-compliance
Lightning Source LLC
Chambersburg PA
CBHW072307170526
45158CB00003BA/1229